Albert Dastre

I0500292

La Théorie
de l'énergie
et le monde vivant

**Le savoir
en poche**

ISBN : 978-1548246945

10 9 8 7 6 5 4 3 2 1

Albert Dastre

La Théorie
de l'énergie
et le monde vivant

Le savoir
en poche

Table de Matières

I. L'ÉNERGIE EN GÉNÉRAL

Un mot nouveau, celui d'*énergie*, s'est introduit depuis quelques années dans les sciences de la nature et n'a cessé d'y occuper depuis lors une place toujours grandissante. Ce sont les physiciens et surtout les ingénieurs-électriciens anglais qui ont fait prévaloir dans la technologie cette expression qui appartient à notre langue, comme à la leur, et qui y a le même sens. L'idée qu'elle exprime a été, en effet, d'une utilité infinie dans les applications industrielles. C'est de cette façon qu'elle s'est répandue et généralisée. Mais ce n'est pas seulement une notion pratique ; c'est surtout une notion théorique qui est d'une importance capitale pour la doctrine pure. Elle est devenue le point de départ d'une science : l'*Energétique*, qui, née d'hier, prétend déjà embrasser et fusionner en elle toutes les autres sciences de la nature physique et vivante, que seule l'imperfection de nos connaissances avait maintenues jusqu'ici distinctes et solitaires.

Au seuil de cette science nouvelle, nous trouvons inscrit le *principe de la conservation de l'énergie*, dont il est permis de dire qu'il domine la philosophie naturelle. Sa découverte a marqué une ère nouvelle et accompli une révolution profonde dans notre conception de l'Univers. Elle est l'œuvre d'un médecin, Robert Mayer, qui exerçait son art dans une petite ville du Wurtemberg. Il avait formulé le principe nouveau en 1842 et il en avait ensuite développé les conséquences dans une série de publications qui parurent entre 1845 et 1851. Elles restèrent à peu près inaperçues et ignorées jusqu'au jour où Helmholtz, dans son célèbre mémoire sur *la Conservation de la force*, les mit en lumière et leur donna l'importance qui leur convenait. Depuis ce moment, le nom jusque-là obscur du modeste médecin de Heilbronn a pris place parmi les plus honorés que mentionne l'histoire des sciences.

Quant à l'*énergétique*, — dont la thermodynamique n'est qu'une section, — on est d'accord pour admettre que si elle ne peut absorber dès à présent la mécanique, l'astronomie, la physique, la chimie et la physiologie, et constituer cette science générale qui sera, dans l'avenir, la science unique de la nature, elle constitue un acheminement vers cet état idéal et comme un premier échelon dans cette ascension vers le progrès définitif.

Nous voudrions exposer ici ces idées nouvelles dans ce qu'elles ont d'universellement accessible ; nous voudrions, en second lieu, en montrer l'application à la physiologie, c'est-à-dire en marquer le rôle et l'influence dans les phénomènes de la vie.

I

Si l'on veut se rendre compte des phénomènes de (l'univers, on devra admettre, avec la généralité des physiciens, qu'ils mettent en jeu deux éléments, et deux éléments seulement, à savoir : la *matière* et l'*énergie*. Tout ce qui se manifeste se montre sous l'une ou l'autre de ces deux formes. C'est là, peut-on dire, le postulat de la science expérimentale. A coup sûr, il est difficile de donner de la matière une définition qui satisfasse les métaphysiciens. Il sera toujours loisible à un philosophe d'en discuter et d'en nier l'existence ; et le physicien lui-même ou le physiologiste, bien persuadés que l'homme ne connaît pas autre chose que ses sensations et qu'il ne fait que les objectiver et les projeter hors de lui par une sorte d'illusion héréditaire, pourront hésiter sur les caractères objectifs de la matière. D'autres difficultés se présenteront encore si l'on passe outre à celle-ci, et si l'on convient de désigner par matière tout ce qui a étendue ou poids ou masse. On pourra faire observer qu'en ce qui concerne le poids, toute matière n'est pas nécessairement pondérable et que la physique considère précisément une matière impondérable, l'éther, qui n'a d'ailleurs qu'une existence logique fondée sur la nécessité d'expliquer la propagation de la chaleur, de la lumière ou de l'électricité ; qu'en ce qui concerne la masse, c'est-à-dire le paramètre mécanique, son emploi revient, en somme, à faire intervenir l'énergie ou un élément, la force, qui est en liaison avec celle-ci, et par conséquent, à définir la matière par l'énergie ; et enfin que les deux éléments fondamentaux ne sont donc pas irréductibles.

Il faut écarter de parti pris toutes ces difficultés. La physique les néglige provisoirement : c'est-à-dire qu'elle en ajourne la considération. Dans une première approximation, on convient que la matière, c'est ce qui est pondérable. La chimie nous en fait connaître les formes diverses ; ce sont les différents corps simples, métalloïdes, métaux, et les corps composés, minéraux ou organiques. On peut dire, dès lors, que la chimie est l'histoire des mutations de la matière. Depuis Lavoisier, elle en suit les transformations, la balance à la main, et elle constate qu'elles s'accomplissent sans changements de poids. Que l'on imagine un système de corps enfermés dans un vase clos qui serait placé sur le plateau d'une balance, toutes les réactions chimiques capables de modifier de fond en comble l'état de ce système ne peuvent rien sur le fléau de cette balance. Le poids total est le même avant et après. C'est précisément cette égalité de poids que l'on exprime dans toutes les équations qui remplissent les traités de chimie. D'un point de vue plus élevé, on reconnaît ici la vérification d'une des grandes lois de la nature, la loi de Lavoisier, ou de la *conservation de la matière*, ou encore de l'indestructibilité de la matière : — « Rien ne se perd ; rien ne se crée ; tout se transforme. » La notion d'*énergie* n'est pas moins claire que la notion de matière ; elle est seulement plus nouvelle à notre esprit. Il faut, pour la concevoir, s'habituer à cette première vérité qu'il n'y a pas de *phénomènes isolés*. L'ancienne physique n'avait qu'une vue incomplète des choses en les considérant indépendamment les unes des autres. Les phénomènes, pour les besoins de l'analyse, y étaient classés dans des compartiments distincts et séparés : pesanteur, chaleur, électricité, magnétisme, lumière. Chaque phénomène était étudié à part, sans préoccupation de ce qui l'avait précédé ou de ce qui devait le suivre. Rien de plus artificiel qu'une pareille méthode. En fait, toute manifestation phénoménale est solidaire d'une autre ; elle est une métamorphose d'un état de choses dans un autre : c'est une mutation. Il existe un lien entre l'état antérieur et l'état suivant, c'est-à-dire la forme nouvelle qui apparaît et la forme précédente qui disparaît. La science de l'énergie montre que quelque chose a passé de la première condition à la seconde, mais en se couvrant d'un vêtement nouveau ; en un mot qu'il subsiste dans le passage d'une condition à l'autre quelque chose d'actif et de permanent ; et que, ce qui a changé, c'est seulement un aspect, une apparence.

Ce quelque chose de constant qui s'aperçoit sous l'inconstance et la variété des formes et qui circule, en une certaine façon, du phénomène antécédent au suivant, c'est l'énergie.

Ce n'est encore là qu'une vue bien vague et qui semblera arbitraire. Elle se précisera par des exemples que l'on peut emprunter aux différents ordres de phénomènes mécaniques, chimiques, thermiques, électriques. L'énergie peut affecter, en effet, des formes correspondantes à ces diverses modalités phénoménales.

L'énergie mécanique est la plus simple et la plus anciennement connue.

Les phénomènes mécaniques peuvent être conçus sous deux conditions fondamentales : le *temps* et l'*espace*, qui sont, en quelque sorte, des éléments logiques auxquels vient se joindre un troisième élément, expérimental celui-là, ayant son fondement dans nos sensations, à savoir la *force*, le *travail* ou la *puissance*.

Albert Dastre

Les notions de force, de travail et de puissance sont tirées de l'expérience que l'homme fait de son activité musculaire. Il n'a pas moins fallu pour les préciser et les débrouiller que l'application des plus grands esprits mathématiques de Descartes à Leibniz.

L'homme peut supporter un fardeau sans fléchir ni bouger : c'est un poids, c'est-à-dire un corps ou une masse sollicitée par la force de la pesanteur qui exerce son action sur lui, et l'homme résiste à cette force, de manière à en empêcher l'effet. Or, cet effet, s'il n'était annihilé par l'effort de l'homme, serait le mouvement ou la chute du corps pesant. L'effort équilibre donc la force ; il lui est égal et opposé et il donne à l'homme qui l'exerce la notion consciente de *force*, c'est-à-dire de l'action qui peut produire ou empêcher le mouvement.

L'activité musculaire de l'homme peut être mise en jeu d'une autre manière encore. Quand on emploie des ouvriers, comme le dit Carnot dans son *Essai sur l'équilibre et le mouvement*, il ne s'agit pas « de savoir les fardeaux qu'ils pourraient porter sans bouger de place », mais plutôt ceux qu'ils pourraient transporter. « C'est de cette manière que l'on entend le mot force, lorsqu'on dit que le cheval équivaut pour la force à sept hommes ; on ne veut pas dire que, si sept hommes tiraient d'un côté et le cheval de l'autre, il y aurait équilibre, mais que, dans un travail suivi, le cheval à lui seul élèvera par exemple autant d'eau du fond d'un puits à une hauteur donnée, que les sept hommes ensemble, dans le même temps. » Il s'agit ici de cette seconde forme d'activité musculaire que l'on nomme, en effet, en mécanique, le *travail*, au moins si l'on veut bien, dans la citation précédente, ne pas accorder d'importance spéciale à ces mots : « dans le même temps » et ne retenir que l'emploi de l'activité musculaire dans un régime suivi. Le travail mécanique se compare à l'élévation d'un poids à une certaine hauteur : il se mesure par le produit de la *force* (entendue dans le sens de tout à l'heure, c'est-à-dire comme cause de mouvement ou obstacle au mouvement) par le déplacement dû à ce mouvement. L'unité est le kilogrammètre, c'est-à-dire le travail nécessaire pour élever un poids d'un kilogramme à la hauteur d'un mètre.

On remarquera que le temps n'intervient pas dans l'estimation du travail : la notion est dégagée des idées de vitesse et de temps. « La lenteur plus ou moins grande que nous mettons à exécuter un travail ne peut servir à mesurer sa grandeur, pas plus que le nombre d'années qu'un homme aurait mis à s'enrichir ou à se ruiner ne pourrait servir à évaluer le chiffre actuel de sa fortune. » Pour en revenir à la comparaison de Carnot, un patron qui n'emploierait ses ouvriers qu'à la tâche, c'est-à-dire qui ne serait sensible en définitive qu'à la besogne faite et indifférent au temps qu'ils y ont employé, serait placé au même point de vue que les théoriciens de la mécanique. M. Bouasse, que nous suivons ici, a fait remarquer que cette notion du travail mécanique remontait à Descartes ; ses prédécesseurs et particulièrement Galilée avaient une idée toute différente de la manière dont il fallait estimer l'activité mécanique ; et de même ses successeurs, les mathématiciens du XVIIIe siècle. Leibniz et plus tard Jean Bernouilli, furent à peu près seuls à adopter cette manière de voir.

C'est précisément le travail ainsi entendu qui est *l'énergie mécanique* : il représente l'effet durable et objectif de l'activité mécanique indépendamment de toutes les circonstances d'exécution. Un même travail pourra s'effectuer dans des conditions de temps, de vitesse, de force, de déplacement bien différentes. Il est, par suite, l'élément permanent à travers la variété des aspects mécaniques. C'est lui, par exemple, qui dans le choc des corps se retrouve comme force vive indestructible. Si nous l'appelons énergie, nous dirons donc que l'énergie se conserve invariable à travers toutes les transformations mécaniques.

L'histoire de la mécanique nous apprend quelles peines et quels efforts ont été dépensés pour arriver à distinguer le *travail* (aujourd'hui l'énergie mécanique) de la *force*. La force n'a pas d'existence objective ; elle n'a ni durée, ni permanence ; elle ne survit pas à son effet, le mouvement. Lorsque, par exemple, l'on met en jeu la presse hydraulique, on recueille sous la plate-forme exactement le travail que l'on a développé de l'autre côté. La machine n'a fait qu'en changer la forme. Au contraire, on a multiplié la force à l'infini. On peut considérer un nombre infini de surfaces égales à celle du petit piston, placées et orientées comme l'on voudra, à l'intérieur du liquide, chacune, d'après le principe de Pascal, supportera une pression égale à celle que l'on exerce. Dès que l'on cesse d'appuyer, cet infini tombe du coup à zéro. Quelque chose de réel pourrait-il passer instantanément de l'infini au néant ? Le travail et la force sont en outre des grandeurs hétérogènes entre elles ; elles ne peuvent pas avoir la même expression. La force est une grandeur vectorielle, c'est-à-dire qu'elle comporte l'idée de direction ; le travail est une grandeur scalaire qui comporte l'opposition de sens indiquée par les signes *plus* et *moins*. L'énergie, et c'est le seul irait par lequel elle se distingue du travail, est une grandeur absolue n'admettant même pas Top-position de signes. Nous verrons plus loin qu'un habile et très savant physio-

Albert Dastre

logiste, M. Chauveau, a voulu cependant employer la même désignation « d'énergie de contraction » pour ces deux phénomènes de l'effort et du travail. Il semble bien qu'au point de vue de la dépense imposée à l'organisme ces deux modes d'activité, la *contraction statique* et la *contraction dynamique*, soient, en effet, parfaitement comparables. Mais bien que sa manière de concevoir les phénomènes soit certainement exacte, et présente une haute valeur, la persistance de l'auteur à les exposer avec des noms qui contrarient les usages reçus l'a empêché de faire comprendre et accepter des mécaniciens et même de quelques physiologistes des vérités très utiles.

La notion de *puissance* mécanique diffère de celles de force et de travail. Elle fait intervenir l'idée de temps. Il ne suffit pas, en effet, pour caractériser une opération mécanique, d'indiquer la tâche accomplie ; il peut être utile ou nécessaire de savoir combien de temps elle a exigé. Cela est vrai surtout lorsque l'on se préoccupe des circonstances de l'exécution autant que des résultats ; et c'est précisément le cas quand on veut comparer des machines. On dira que celle qui exécute le travail dans le moindre laps de temps est la plus puissante. L'unité de puissance est celle d'une machine qui exécute un kilogrammètre dans une seconde. Dans l'industrie, en général, on emploie une unité 75 fois plus grande : le *cheval-vapeur*. C'est la puissance d'une machine qui effectue 75 kilogrammètres par seconde. Dans l'industrie électrique on compte par *kilowatt* qui vaut 1 cheval-vapeur, 36, ou par *watt*, unité mille fois plus petite.

On s'est proposé d'apprécier la puissance de la machine humaine, comparativement aux machines industrielles ; c'est là une tentative vaine. L'expérience a montré que la puissance mécanique des êtres vivants dépend de la nature du travail qu'ils effectuent. Il y a, à cet égard, dans la science, de très intéressantes recherches que le célèbre physicien Coulomb communiqua en l'an VI à l'Institut. Un homme du poids moyen de 70 kilogrammes était astreint à monter l'escalier d'une maison de 20 mètres de hauteur. Il exécutait cette ascension à raison de 14 mètres par minute ; et il soutenait cette besogne quotidiennement pendant 4 heures effectives. Un tel travail équivalait à 235 000 kilogrammètres. Mais si, au lieu de monter sans fardeau, l'homme est astreint à porter une charge, le résultat est tout différent. Le manœuvre de Coulomb montait six voies de bois par jour à 12 mètres en 66 voyages ; ce qui correspondait à un travail maximum de 109 000 kilogrammètres seulement au lieu de 235 000.

L'énergie ou travail mécanique peut s'offrir à nous sous deux formes : *l'énergie actuelle*, correspondant au phénomène mécanique réellement exécuté, et l'*énergie potentielle*, ou énergie de réserve.

Un corps qui a été élevé à une certaine hauteur, développera, si on le laisse tomber, un travail qui a précisément pour mesure, en kilogrammètres, le produit de son poids par la hauteur de chute. Un tel travail peut être utilisé de bien des manières. C'est ainsi, par exemple, que l'on fait marcher les horloges publiques. Or, tandis que le contrepoids « remonté » n'est pas encore lâché, qu'il est immobile, l'ancienne physique dirait qu'il n'y a rien à considérer. Le phénomène, c'est la chute : elle va avoir lieu ; au moment présent, il n'y a rien encore.

En énergétique, on ne raisonne pas ainsi. On dit que le corps possède une *capacité de travail* qu'il manifestera à l'occasion, une énergie emmagasinée, une énergie en puissance ou *énergie potentielle*. Quand le corps tombera, cette énergie potentielle se transformera en *énergie actuelle*. Le travail développé par la chute nous fera penser à celui exactement égal et contraire exécuté par l'horloger qui a dû le soutenir et le remonter jusqu'à son point de départ. Voilà d'où vient cette énergie qui va se manifester pendant huit ou quinze jours, par le mouvement régulier des aiguilles et la sonnerie des heures. La chute est la contre-partie fidèle de l'élévation. On retrouve dans la seconde phase du phénomène exactement ce que l'on avait mis dans la première, la même quantité d'énergie. Entre ces deux phases, s'intercale la pause aussi longue que l'on voudra, où l'énergie semble sommeiller, et dont nous disons que c'est une période d'*énergie virtuelle* ou *potentielle*. Et ainsi le lien des phénomènes, leur enchaînement réel, est conservé, et ne cesse pas de nous être présent. D'autre part, cette *énergie* dont nous ne perdons pas la trace ne nous paraît pas nouvelle quand elle se manifeste ; et aussi, finissons-nous par nous la représenter comme quelque chose de réel, d'indestructible et d'éternel ayant une existence objective qui tantôt se révèle et tantôt sommeille, qui est manifestée ou latente. De même encore, le cours d'eau ou le torrent d'une région montagneuse peut être utilisé pour mettre en branle les roues et les turbines de l'usine située dans la vallée ; sa descente produit un travail mécanique qui serait une création *ex nihilo*, si l'on ne rattachait pas le phénomène à ses antécédents. On constate que ce n'est qu'une simple restitution, lorsque l'on envisage l'origine de cette eau qui a été transportée, et montée en quelque sorte à son niveau par le jeu des forces naturelles, l'évaporation sous l'action du soleil, la formation des nuages, le transport par les vents, etc. Et l'on voit encore ici qu'une énergie complexe s'est transformée, dans une première condition phénoménale, en *énergie potentielle*, et que cette énergie potentielle se dépense ensuite dans la seconde phase, sans perte ni gain.

Il y a autant de formes d'énergie que de catégories distinctes de phénomènes ou de variétés dans ces catégories. Les physiciens distinguent deux espèces d'énergie mécanique : l'énergie de mouvement et l'énergie de position, et dans celle-ci diverses variantes, — l'énergie de distance qui répond à la force ; nous venons d'en parler ; l'énergie de surface qui correspond à des phénomènes particuliers de tension superficielle ; et l'énergie de volume qui répond aux phénomènes de pression. Il serait inutile, pour l'objet que nous avons en vue, de nous appesantir davantage sur l'énergie mécanique. Il est plus important de montrer brièvement que les diverses formes d'énergie connues peuvent se transformer les unes dans les autres. Ces formes sont les énergies calorifique, électrique, magnétique, chimique et rayonnante.

On enseigne aujourd'hui dans tous les éléments de physique que le travail mécanique peut se transformer en chaleur et réciproquement la chaleur en travail mécanique. Les frottements, le choc et la percussion, la compression et la décompression détruisent ou anéantissent l'énergie mécanique communiquée à un corps ou aux organes d'une machine. En même temps que disparaît le mouvement on voit apparaître la chaleur. Les exemples abondent : c'est la boîte de la roue, échauffée par le frottement de l'essieu ; c'est l'inflammation des parcelles d'acier échauffées par le choc de la pierre, dans le briquet ; c'est la fonte des deux morceaux de glace obtenue par Davy en les frottant l'un contre l'autre, la température extérieure étant inférieure à zéro ; c'est l'ébullition d'une masse d'eau produite par le foret, observée par Rumford dès 1790, pendant la fabrication des canons de bronze ; c'est l'échauffement du métal qu'on bat sur l'enclume ; c'est l'élévation de température, poussée jusqu'à la fusion, de la balle de plomb qui vient s'aplatir contre l'obstacle résistant ; c'est enfin et en un symbole, l'origine du feu dans la fable de Prométhée, au moyen du frottement de ces morceaux de bois que les Hindous appellent encore *prâmanthâ*. Il y a une corrélation constante entre ces phénomènes de chaleur et de mouvement, corrélation qui est devenue évidente, dès que les observateurs ont cessé de se restreindre à la constatation du fait isolé. Il n'y a donc jamais de destruction réelle au vrai sens du mot ; ce qui s'évanouit sous une forme se remontre sous une autre ; on a l'impression que quelque chose d'indestructible se fait voir sous des déguisements successifs. On traduit cette impression en disant que l'énergie mécanique s'est métamorphosée en énergie calorifique.

L'interprétation prend un caractère de précision saisissant qui l'impose tout à fait à l'esprit, lorsque la physique applique à ces mutations l'exactitude presque absolue de ses mesures. On constate alors que le taux de l'échange est invariable ; les transformations de chaleur en mouvement et réciproquement s'accomplissent suivant une loi numérique rigoureuse qui fait correspondre exactement la quantité de l'un à la quantité de l'autre. L'effet mécanique s'évalue, comme nous l'avons dit, en travail, c'est-à-dire en kilogrammètres : la chaleur se mesure en calories, la calorie étant la quantité de chaleur nécessaire pour élever de 0° à 1° un kilogramme d'eau (grande calorie), ou 1 gramme d'eau (petite calorie). On constate que, quels que soient les corps et les phénomènes qui servent d'intermédiaires pour opérer la transformation, il faut toujours dépenser 425 kilogrammètres pour créer une calorie, ou dépenser 0cal, 00234 pour créer un kilogrammètre. Le nombre 425 est l'équivalent mécanique de la calorie, ou, comme on le dit inexactement, de la chaleur. Et c'est ce fait constant qui constitue le *principe de l'équivalence de la chaleur et du travail mécanique*.

On ne sait pas encore actuellement mesurer l'activité chimique d'une manière directe. Mais on sait que l'action chimique peut engendrer toutes les autres modalités phénoménales. Elle en est la source la plus ordinaire, et c'est à elle que pratiquement s'adresse l'industrie pour obtenir la chaleur, l'électricité, l'action mécanique. Dans la machine à vapeur, par exemple, le travail recueilli vient d'une combustion du charbon par l'oxygène de l'air ; celle-ci donne naissance à la chaleur qui vaporise l'eau, développe la tension de la vapeur, et finalement produit le déplacement du piston. On pourrait réduire la théorie de la machine à vapeur à ces deux propositions : l'activité chimique engendre la chaleur ; la chaleur engendre le mouvement ; ou, pour employer le langage dont le lecteur commence sans doute à prendre l'habitude, l'énergie chimique se transforme en énergie calorifique et celle-ci en énergie mécanique ; c'est une série d'avatars et de changements à vue. Et toujours l'échange se fait à un taux réglé par des chiffres rigides.

La connaissance de l'énergie chimique est moins avancée que celle des énergies de la chaleur et du mouvement sensible. On n'en est pas encore aux vérifications numériques. On ne peut donc qu'affirmer, mais sans l'appuyer de déterminations de nombres, l'équivalence entre l'énergie chimique et l'énergie calorifique, parce que l'on ne sait pas encore, dans l'état actuel de la science, mesurer directement l'énergie chimique. Les autres énergies connues sont toujours le produit de deux facteurs : l'énergie mécanique de position ou travail se mesure au moyen du produit de la force par le déplacement : l'énergie mécanique de mouvement se mesure au moyen de la masse par le carré de la vitesse ; l'énergie calorifique s'évalue par le produit de la température et de la chaleur spécifique, l'énergie électrique par le produit de la quantité d'électricité et de la force électro-motrice. Pour ce qui est de l'énergie chimique, on soupçonne qu'elle pourrait s'évaluer directement, selon le système de Berthollet repris par les chimistes norvégiens Guldberg et Waage, au moyen du produit des masses par une force ou coefficient d'affinité qui dépend de la nature des substances mises en présence, de la température, et des autres circonstances physiques de la réaction. D'un autre côté, les admirables recherches de M. Berthelot permettent dans la plupart des cas d'en avoir une évaluation indirecte par la mesure de la chaleur équivalente.

Il est intéressant de signaler que l'énergie chimique peut être envisagée, elle aussi, sous les deux états *d'énergie potentielle et d'énergie réelle*. Le système charbon-oxygène, pour brûler dans le foyer de la machine à vapeur, a besoin d'être amorcé par un travail préliminaire (inflammation en un point), comme le poids élevé et laissé immobile à une certaine hauteur, d'être par un faible effort détaché de son support. Cette condition remplie, l'énergie va se manifester avec évidence. Nous devons admettre qu'elle existait à l'état latent, à l'état d'*énergie potentielle chimique*. Sous l'excitation reçue le carbone se combine à l'oxygène et fournit de l'acide carbonique : l'énergie potentielle se change en énergie réelle, et aussitôt après en énergie calorifique. On n'aurait qu'une idée très incomplète et fragmentaire de la réalité des choses si l'on considérait isolément ce phénomène de combustion sans le rapprocher de celui qui a précisément créé l'énergie qu'il va dissiper. Ce fait antécédent c'est l'action du soleil sur la feuille verte ; le charbon qui brûle dans le foyer de la machine sort de la mine où il était accumulé à l'état de houille, c'est-à-dire d'un produit primitivement végétal qui s'était formé aux dépens de l'acide carbonique de l'air. La plante avait séparé, aux frais de l'énergie solaire, ce carbone de l'oxygène auquel il était uni dans l'acide carbonique de l'atmosphère et créé ainsi l'énergie potentielle chimique qui a si longtemps attendu son utilisation : la combustion dépense cette énergie en refaisant l'acide carbonique.

La fécondité de la notion d'énergie vient donc, d'après tous ces exemples, de la liaison qu'elle établit entre les phénomènes de la nature, dont elle rétablit l'articulation nécessaire rompue par l'analyse à outrance de la science ancienne. Elle nous amène à ne voir dans le monde des phénomènes pas autre chose que des mutations d'énergie. Et ces mutations, elles-mêmes, nous apparaissent comme la circulation d'une sorte d'agent indestructible qui passe d'une détermination formelle à une autre comme s'il changeait simplement de déguisement. Si notre intelligence a besoin d'images ou de symboles pour embrasser les faits et saisir leur rapport, elle les trouvera ici. Elle matérialisera l'énergie, elle en fera une sorte d'être imaginaire, et lui conférera une réalité objective. Et, c'est là pour l'esprit, à la condition qu'il ne devienne pas dupe du fantôme que lui-même aura forgé, un artifice éminemment compréhensif qui rend saisissants les rapports des (phénomènes et leur lien de filiation.

Le monde nous apparaît alors, comme nous le disions au début, construit avec une symétrie singulière. Il ne nous offre plus que des mutations de matière et des mutations d'énergie ; ces deux sortes de métamorphoses étant gouvernées par deux lois égales en nécessité, la conservation de la matière et la conservation de l'énergie, qui expriment : la première, que la matière est indestructible et passe d'une détermination phénoménale à l'autre intégralement au taux d'égalité pondérale ; la seconde, que l'énergie est indestructible, et qu'elle passe d'une détermination phénoménale à l'autre au taux d'équivalence fixé pour chacune des catégories par les découvertes des physiciens.

La première question que l'Energétique ait ensuite à examiner est celle des différentes formes sous lesquelles se présente l'énergie : elle doit envisager chacune d'elles par rapport à chacune des autres, déterminer si la transformation de l'une dans l'autre est réalisable directement et par quels moyens et suivant quel taux d'équivalence. C'est une œuvre laborieuse qui oblige à parcourir le champ entier de la Physique.

Cet examen aboutit à montrer que l'énergie mécanique peut se muer en toutes les autres, et toutes les autres en elle, à une exception près, celle de l'énergie chimique. Ce que l'on sait du rôle de la pression dans les réactions de dissociation, semble au premier abord démentir cette assertion. Mais ce n'est là qu'une vaine apparence. La pression n'intervient dans ces opérations que comme travail préliminaire ou d'amorçage destiné à mettre les corps en présence, dans l'état même où il faut qu'ils soient pour que les affinités chimiques puissent entrer en jeu.

Il y a, à propos des énergies calorifique et lumineuse, une autre observation à faire. Ce ne sont point deux formes réellement et essentiellement distinctes, comme le croyait l'ancienne physique. A considérer les choses objectivement, il n'y a pas de lumière absolument sans chaleur ; c'est le même agent qui, dans un certain intervalle de son échelle de grandeurs, impressionne inégalement la peau et la rétine de l'homme et des animaux ; la différence est imputable à la diversité de l'organe et non à la diversité de l'agent. Au moindre degré d'activité, cet agent n'exerce aucune action sur les terminaisons des nerfs cutanés thermiques, ni sur les terminaisons nerveuses optiques : son degré augmentant, les premiers de ces nerfs sont impressionnés (froid, chaleur) et le sont à l'exclusion des nerfs de la vision ; puis ils sont impressionnés les uns et les autres (sensation de chaleur et de lumière) et enfin au-delà la vue seule est affectée. La transformation d'une énergie dans l'autre se réduit donc ici à la possibilité d'accroître ou de diminuer l'intensité d'action de cet agent commun dans la proportion juste convenable pour passer de l'une des conditions à l'autre ; et ceci est facile lorsqu'il s'agit d'aller du côté lumière, et au contraire n'est pas réalisable directement, c'est-à-dire sans un secours étranger, lorsqu'il s'agit de redescendre l'échelle, du côté chaleur.

Il faut remarquer encore que cette énergie commune, calorifique et lumineuse, ne se Mlle pas directement en énergie chimique. A la vérité, la chaleur et la lumière favorisent et déterminent même un grand nombre de réactions chimiques, mais si l'on descend au fond des choses on ne tarde pas à se convaincre que la chaleur et la lumière ne servent en quelque sorte qu'à amorcer le phénomène, à préparer l'action chimique, à amener les corps dans l'état physique (liquide, vapeur) et au degré de température (400° par exemple pour la combinaison de l'oxygène et de l'hydrogène) qui sont les conditions préliminaires indispensables à l'entrée en scène des affinités chimiques. Au contraire, l'énergie chimique peut se transformer réellement en énergie calorifique, et l'on en a un exemple dans les réactions qui se font sans le secours d'une énergie étrangère, et dans celles, très nombreuses, qui, comme la combustion de l'hydrogène et du carbone, ou la décomposition des explosifs, se continuent une fois amorcées.

D'autres restrictions apparaissent encore lorsque l'on étudie les lois qui président à la circulation et aux mutations de l'énergie calorifique, et la plus importante tient à la condition d'impossibilité où elle est de se transporter d'un corps à température plus basse sur un corps à température plus élevée. Au total et par suite de toutes ces restrictions, l'énergie calorifique est une variété imparfaite de l'énergie universelle, ou, comme disent les Anglais, une *forme dégradée*.

Au contraire, l'énergie électrique représente une forme perfectionnée et infiniment avantageuse de cette même énergie universelle, et c'est là ce qui explique l'immense développement qu'en moins d'un siècle ont pu prendre ses applications industrielles. Ce n'est pas qu'elle soit mieux connue que les autres dans son essence et dans l'intimité de son action ; au contraire ! On discute encore sur sa nature : pour les uns, l'électricité qui se transporte et se propage avec la même vitesse que la lumière est un véritable flux d'éther, comme le voulait le Père Secchi, qui l'assimilait au courant de l'eau dans une conduite. Elle produirait alors son travail, comme l'eau produit le sien quand elle agit par sa pression sur le moteur hydraulique. De même l'électricité ne serait pas elle-même une énergie ; elle en serait un moyen de transport. Mais, avec Clausius, et plus tard avec Hertz, la majorité des physiciens admet qu'en réalité ce n'est pas l'énergie elle-même qui se propage, mais seulement son mouvement vibratoire. Quoi qu'il en soit, ce qui constitue la particularité essentielle de l'énergie électrique, et ce qui en fait le prix, c'est qu'elle est un agent de transformation incomparable. Toutes les formes connues de l'énergie peuvent se convertir en elle et inversement l'énergie électrique peut se muer, avec la plus grande facilité, dans toutes les autres énergies. Cette extrême malléabilité lui assigne le rôle d'intermédiaire entre les autres agents moins dociles. L'énergie mécanique, par exemple, ne se prête pas aisément à une métamorphose en énergie lumineuse. Une chute d'eau ne pourrait être utilisée directement pour l'éclairage ; dans les installations industrielles d'éclairage, elle met en mouvement des machines électriques, des dynamos qui alimentent les lampes à incandescence. Le travail mécanique tout à l'heure inexploitable s'est changé en énergie électrique, et celle-ci en énergie calorifique et lumineuse. L'électricité a rempli là le rôle d'un utile intermédiaire.

Il faudrait maintenant, si nous voulions développer le programme de la science de l'énergie, indiquer le second grand principe qui, avec celui de Robert Mayer, préside à toutes ses mutations ; c'est à savoir le principe de Carnot. Il faudrait, enfin, montrer par quelle explication figurée, par quelle image concrète, la science contemporaine a rendu compte de la nature et des transformations de l'énergie. C'est la théorie cinétique qu'il faudrait donc exposer. On se représenterait alors la matière universelle animée des deux espèces de mouvements qui sont le mouvement visible et le mouvement vibratoire moléculaire ; on devrait suivre historiquement la manière dont cette hypothèse s'est introduite dans la science par la nécessité de rendre compte des phénomènes de propagation de la lumière ; comment elle s'est constituée par l'étude de la chaleur, comment elle a été précisée, grâce à Clausius et Maxwell, dans le cas des gaz, comment, enfin, elle s'est étendue aux manifestations de l'électricité et du magnétisme. C'est ce que nous ne ferons pas ici, et cela pour deux raisons. La première c'est que cette théorie cinétique qui vient à peine d'arriver à son complet épanouissement montre déjà des signes de décadence et de ruine. Les théoriciens de la physique mettent en doute la réalité de l'éther, agent nécessaire de la propagation de l'énergie rayonnante : ils nient que l'électricité soit un mouvement ou même que la chaleur et la lumière soient aussi des mouvements. Sur les ruines de ces doctrines qui avaient si fortement imprégné l'esprit contemporain qu'elles font en quelque sorte partie de la mentalité ambiante, ils dédaignent de rien édifier. A des générations élevées dans l'admiration et le respect des efforts de génie qu'à coûtés la création de ces systèmes, ils proposent le mépris pour toutes les images, pour tous les symboles ou les représentations matérielles de la vérité scientifique. Ils nous offrent, pour expliquer le monde phénoménal, des systèmes de trois ou de six équations différentielles qui, eux, ne contiennent plus d'hypothèses. Que l'avenir leur donne ou non raison, il ne nous appartient pas d'en préjuger.

Mais la plus forte raison qui nous détourne d'une tâche, sans doute au-dessus de nos forces, c'est qu'elle est indifférente à notre but. Nous nous proposons simplement de montrer dans la suite de cette étude comment la considération de l'énergie et de son seul principe fondamental, celui de conservation, a transformé le point de vue de la physiologie sur trois questions principales, à savoir la conception des phénomènes vitaux dans leur rapport avec les phénomènes généraux de la nature : la théorie de l'alimentation, et enfin l'origine de la force musculaire.

II. LES ENERGIES VITALES

Malgré les efforts d'un petit nombre d'expérimentateurs depuis Harvey jusqu'à Magendie, la science de la vie n'avait suivi qu'avec lenteur le progrès des autres sciences de la nature. Elle était restée longtemps embrumée de scolastique et encombrée de systèmes tels que l'animisme et le vitalisme qui faisaient régir les phénomènes vitaux par un principe distinct de la matière universelle et des forces physiques, et accentuaient ainsi leur différence avec les autres phénomènes de la nature.

Ces systèmes dominaient dans les écoles au temps de Lavoisier ; ils faisaient encore échec à la méthode expérimentale au temps de Claude Bernard. C'est à peine s'ils ont entièrement disparu de nos jours. En 1878, un médecin éminent, qui a occupé l'une des situations le plus en vue du haut enseignement, E. Chauffard, a tenté de restaurer l'animisme de Stahl. Plus récemment enfin nous avons vu les découvertes dues à des savants étrangers en possession d'une légitime réputation, Heidenhain (de Breslau) et Ch. Bohr (de Copenhague), servir à ressusciter sous le nom de « néo-vitalisme » une doctrine bien proche de celle que défendaient au siècle dernier Bordeu et Barthez. Ce néo-vitalisme contemporain emprunte à son devancier son principe fondamental, à savoir la spécificité non seulement formelle mais essentielle du fait vital et son irréductibilité absolue au fait physique. A la vérité le vitalisme ancien se complétait par une autre notion que le progrès des idées ne permettrait pas de relever aujourd'hui. Il considérait les phénomènes physiologiques comme les « effets immédiats » d'une cause spéciale, d'un agent en quelque sorte personnifié, le *principe vital*, extérieur au corps vivant, indépendant de sa substance, lié à elle temporairement, travaillant pour ainsi dire avec des mains humaines, accomplissant des faits et gestes qui forment l'histoire même de la vie, et quittant à la fin le corps qui lui servait d'hôtellerie, non peut-être sous la forme d'un papillon, comme le voulait le gracieux génie des Grecs, mais d'une manière tout aussi réelle quoique moins sensible. Les vitalistes du moyen âge, les Paracelse, les Van Helmont, avaient démembré ce principe animateur en principes subalternes, et multiplié sous le nom d'*archées* ces personnifications. On en retrouve quelque trace dans les *propriétés vitales* de Bichat et des auteurs plus modernes, fantômes que Cl. Bernard aimait à comparer aux nymphes, aux dryades et aux sylvains de la mythologie. En face des médecins et des philosophes qui expliquaient la vie par la libre activité d'un principe vital, distinct ou non de l'âme pensante, se dressait le système adverse, le mécanicisme. L'esprit scientifique a éprouvé à toute époque une vive prédilection pour cette doctrine et, de nos jours, il a fini par l'adopter et s'y confondre. L'ordre vivant et l'ordre physique sont ici ramenés à un ordre unique, parce que tous les phénomènes de l'univers sensible sont eux-mêmes réduits à un mécanisme identique et représentés au moyen de l'atome et du mouvement. Cette conception du monde que les philosophes de l'école d'Ionie avaient imaginée dès la plus haute antiquité, que Descartes et Leibniz modifièrent plus tard, a passé dans la science moderne sous le nom de théorie cinétique. La mécanique des atomes pondérables ou impondérables contient l'explication de toute phénoménalité ; qu'il s'agisse de propriétés physiques ou de manifestations vitales, le monde objectif ne nous offre, en dernière analyse, que des mouvements : tout phénomène s'exprime par une intégrale atomistique, et c'est là la raison intime de cette unité majestueuse qui règne dans la physique moderne. Les forces qui sont mises en jeu par la vie ne se distinguent plus, à ce degré ultime de l'analyse, des autres forces naturelles ; tout se confond dans la mécanique moléculaire.

Sans contester la valeur philosophique de cette doctrine, qui d'ailleurs a justifié son empire sur les sciences physiques par les découvertes qu'elle y a provoquées, on peut cependant faire observer qu'elle n'a été à peu près d'aucun secours à la biologie. Précisément parce qu'elle descend trop profondément au fond des choses et qu'elle les analyse à outrance, elle cesse de les éclairer. Il y a trop loin de l'atome hypothétique au fait apparent et concret pour que celui-ci puisse rendre compte de celui-là ; le phénomène vital s'évanouit avec sa physionomie propre ; on n'en aperçoit plus, on n'en saisit plus les traits spécifiques ni universels. Au contraire, la théorie de l'énergie conduit à une conception tout aussi générale, mais en même temps plus sûre, plus compréhensive, et assez près de la réalité pour se traduire dans des faits et s'y retremper sans cesse. Son introduction en biologie date à peine d'hier, et déjà elle y a pris une place considérable et rendu de grands services. Elle a inspiré des recherches pleines d'intérêt, elle a renouvelé l'aspect de quelques parties de la physiologie. Elle commence à pénétrer dans le haut enseignement de quelques universités en Allemagne, en Amérique, et en France même. M. Chauveau est, chez nous, le représentant le plus éminent de ces tendances nouvelles ; ses travaux et ceux de ses élèves forment la contribution la plus importante qui ait été apportée (de notre

II. LES ENERGIES VITALES

temps) à la constitution de l'Energétique physiologique.

II

La doctrine de l'énergie a été conçue en physiologie avant de passer en physique et d'y faire la merveilleuse fortune que l'on sait. Robert Mayer était un naturaliste et un médecin ; Helmholtz était physiologiste autant que physicien. L'un et l'autre avaient vu dès l'origine dans la notion nouvelle un puissant instrument de pénétration physiologique. La publication dans laquelle R. Mayer exposait, en 1845, ses vues remarquables, *du Mouvement organique dans ses rapports avec la nutrition*, et le commentaire d'Helmholtz ne laissent pas de doute à cet égard. Les *Remarques sur l'équivalent mécanique de la chaleur*, d'un caractère plus particulièrement physique, sont postérieures de six années à ce premier ouvrage.

La doctrine de l'énergie ne fait donc que retourner aujourd'hui à la science qui a été son berceau. Elle y revient consacrée par les démonstrations de la physique, comme la plus générale des doctrines qui aient jamais été proposées en philosophie naturelle et comme la moins chargée d'hypothèses. Elle réduit à deux principes fondamentaux la multitude des principes particuliers ou le petit nombre de principes déjà qualifiés de généraux qui régissent les sciences de la nature. On démontre sans trop de peine que le principe de Robert Mayer, convenablement entendu, contient le principe de l'inertie de la matière posé par Galilée et Descartes ; celui de l'égalité de l'action et de la réaction proclamé par Newton ; celui même de la conservation de la matière (ou mieux de la masse) dû à Lavoisier ; et enfin, la loi expérimentale d'équivalence à laquelle est attaché le nom moins célèbre du physicien anglais Joule, d'où l'on fait sortir le principe de Hess et le « principe de l'état initial et de l'état final » de Berthelot.

Et, de même, le principe de Carnot entendu à la façon large et compréhensive des théoriciens contemporains tels que William Thomson (lord Kelvin), Le Chatelier, etc., peut être considéré comme la loi universelle de l'équilibre, mécanique, physique, chimique. Il renferme, comme l'a montré G. Robin, le principe des vitesses virtuelles de d'Alembert, et, selon les physiciens actuels, les lois particulières de l'équilibre physico-chimique et de l'équilibre chimique.

Ces deux principes résument donc toute la science de la nature. Quelques métaphysiciens pensent qu'il est possible de leur donner un couronnement philosophique. Comme la véritable signification de ces lois est d'exprimer la relation nécessaire de tous les phénomènes de l'univers, leur liaison génétique ininterrompue, et par conséquent leur homogénéité réelle opposée à leur diversité apparente, on pourrait les faire découler de l' « Idée de continuité » de la nature par opposition à la « discontinuité psychique ». L'unité dans le monde, la diversité dans l'esprit, c'est la doctrine fondamentale de E. Kant. Et ainsi la philosophie naturelle de notre temps se personnifierait dans les trois noms de Kant, de R. Mayer et de Carnot.

Il y aurait peu d'apparence qu'une doctrine si universelle et si bien vérifiée dans le monde physique dût s'arrêtera ses confins et rester sans valeur pour le monde vivant. Une telle supposition serait contraire à cet esprit de généralisation qui est l'esprit même de la science et qui consiste à croire à l'existence, à la constance, et à l'extension des lois élémentaires.

Les savants ont toujours procédé de la même façon dans les circonstances de ce genre. Ils ont appliqué à l'ordre, inconnu, des phénomènes vivants les lois les plus générales de la physique de leur temps : application qui s'est trouvée légitime et que l'expérience a vérifiée lorsqu'il s'agissait véritablement de lois fondamentales, application au contraire malheureuse, maladroite, repoussée comme un grossier matérialisme lorsqu'elle était faite à faux. Pour Descartes, le corps était une machine montée fonctionnant suivant les lois de la nature physique ; mais il lui appliquait des règles trop particulières en le considérant comme formé des seules machines alors connues : ressorts, leviers, pressoirs, cribles, tuyaux, cornues et alambics. Au contraire Leibniz, avait pleinement raison de dire : « Le corps se développe mécaniquement, et les lois de la mécanique ne sont jamais violées dans les mouvements naturels. » Claude Bernard avait encore raison en appliquant aux êtres vivants le principe général de Galilée, de l'inertie de la matière, c'est-à-dire en affirmant que la spontanéité vitale n'était qu'une apparence et une illusion ; que les phénomènes vitaux étaient toujours provoqués ; qu'ils étaient la réplique à une excitation extérieure, le résultat du conflit entre la matière vivante et les agents physiques ou chimiques qui la sollicitent à l'action et qui sont toujours étrangers à elle lors même qu'ils sont logés avec elle dans l'enceinte de l'organisme.

En appliquant aux êtres vivants les lois si générales de l'Energétique, on suit donc la marche constante de la science et on se conforme à sa méthode traditionnelle. On ne peut douter qu'une telle application ne soit légitime et que l'expérience ne doive la justifier *a posteriori*. C'est ce qui a lieu, en effet.

II. LES ENERGIES VITALES

Le monde vivant comme le monde inanimé ne nous offre donc rien autre chose que des mutations de matières et des mutations d'énergie. Le mot phénomène n'a pas une autre signification quel que soit le théâtre où il se produise. Les manifestations si variées, qui traduisent l'activité des êtres vivants correspondent à des transformations d'énergie, à des changements d'une espèce ou d'une variété dans une autre, conformément aux règles d'équivalence fixées par les physiciens. Dans le monde physique, ces formes spécifiques d'énergie sont peu nombreuses. Quand on a nommé les énergies mécaniques, l'énergie chimique, les énergies rayonnantes, calorifique, lumineuse, l'énergie électrique avec laquelle se confond l'énergie magnétique, on a épuisé la liste des acteurs qui occupent la scène du monde, au moins de ceux que l'on connaît.

Est-il permis de dire que la liste est close et que la science ne découvrira pas ultérieurement d'autres formes ou d'autres variétés spécifiques d'énergie ? Non, à coup sûr. Une telle affirmation serait aussi ambitieuse qu'imprudente. L'histoire des sciences physiques doit nous rendre plus circonspect. Elle nous enseigne qu'il n'y a guère plus d'un siècle que l'énergie électrique a fait son entrée en scène et que l'on a commencé à connaître l'électricité. Cette découverte dans le monde de l'énergie, accomplie pour ainsi dire sous nos yeux, d'un agent qui joue un si grand rôle dans la nature, laisse pour l'avenir la porte ouverte à d'autres surprises.

Cette réserve est d'une haute importance au point de vue de la réduction des phénomènes de la vie à l'Energétique universelle. Elle permet, en effet, d'admettre qu'à côté des formes d'énergie que l'on sait leur être communes avec le monde physique il existe, chez les êtres vivants, des formes qui leur semblent particulières. Elles sont encore trop mal connues pour qu'on ait pu les chercher en dehors d'eux. Ces formes d'énergie que l'on peut supposer chez les animaux existent sans doute dans le monde physique, et elles devront s'y retrouver quand nos moyens d'investigation auront fait des progrès suffisants. Dans l'état actuel des choses, on n'a besoin d'en admettre la possibilité qu'en raison de la particularité des phénomènes de la vie et de l'animalité qui sont les plus spéciaux et les plus hétérogènes aux phénomènes physiques. Grâce à cette précaution, on comprend à la fois, par quels caractères essentiels les phénomènes vitaux se réduisent d'ores et déjà à la physique universelle, et par quelles différences provisoires ils en restent encore séparés. On échappe dès lors à cette accusation de matérialisme grossier et évidemment erroné que méritent, au même titre que Descartes et Boerhave, ces scientifiques intransigeants qui prétendent trouver dans les machines actuelles de nos laboratoires le modèle de tous les mécanismes, même les plus complexes de l'économie animale ; tentative aussi vaine que celle d'un iatro-mécanicien essayant d'expliquer avant les découvertes de Lavoisier les phénomènes élémentaires de la respiration, ou les phénomènes de l'excitation des nerfs avant le temps de Volta.

Mais d'un autre côté, on aperçoit aussi la part profonde de vérité qui se cachait au fond de ce matérialisme outré et maladroit ainsi que dans cet obscur instinct uniciste qui a poussé les biologistes de tous les temps à ramener les phénomènes de la vitalité sous l'empire de la physique générale.

Dès à présent, nous connaissons certainement le plus grand nombre des formes d'énergie communes au monde vivant et à la nature brute ; ce sont les mêmes énergies, chimique, thermique, mécanique, avec leurs mêmes caractères de mutabilité, leur barème d'équivalence, leurs états actuel et potentiel.

Si, derechef, il arrive, comme il est advenu au siècle dernier pour l'électricité, que quelque forme inédite d'énergie surgisse des recherches physiologiques, nous pouvons affirmer en toute confiance que cette énergie nouvelle n'obéira pas à des lois nouvelles. Elle s'échangera avec les formes actuelles suivant les règles fixées ; elle appartiendra à l'ordre universel comme à l'ordre vivant ; ce sera une conquête de la Physique générale aussi bien que de la Biologie. Il est facile de comprendre, après ces éclaircissements, la signification et la portée de cette affirmation qui est le fondement de l'Energétique biologique, à savoir que les phénomènes de la vie sont des métamorphoses énergétiques au même titre que les autres phénomènes de la nature.

Cette science que l'on baptise « l'Energétique biologique » n'est pas nouvelle ; ce n'est autre chose que la physiologie générale et ion sait que personne, en aucun pays, n'a plus contribué à la fonder et à l'enrichir que Claude Bernard. Mais il faut reconnaître que R. Mayer et Helmholtz l'ont mieux caractérisée et en ont mieux limité le champ, en la définissant « l'étude des phénomènes de la vie envisagée du point de vue de l'énergie ».

Une école de zoologistes expérimentateurs a essayé, au cours de ces dernières années, en Allemagne, d'accaparer la physiologie générale et de la dénaturer en lui assignant comme but l'étude de la *vie cellulaire*. Ils ont affecté de croire que la physiologie depuis le temps de Galien n'avait eu de préoccupation que du jeu des organes et ils opposaient à cette « physiologie des organes » leur « physiologie de la cellule ». Un savant qualifié, J. Lœb, n'a pas eu de peine à faire justice de ces prétentions. Il a montré que la « structure cellulaire » était, dans la plupart des cas, une circonstance aussi complètement indifférente que la « structure des organes » au jeu des forces vitales, — et qu'il fallait bannir la notion morphologique de la physique de la matière vivante, — car la physiologie générale n'est pas autre chose — comme de la physique des corps bruts. La détermination des sources où les plantes et les animaux puisent leurs énergies vitales ; la transformation médiate de l'énergie chimique en chaleur animale dans la nutrition, ou en mouvement dans la contraction musculaire, l'évolution chimique des aliments, l'étude des ferments solubles ont une autre portée pour l'intelligence des mécanismes de la vie. Et ce sont là autant de parties déjà tort avancées de l'énergétique physiologique.

III

L'équivalence ou l'identité des énergies développées chez les animaux avec les énergies universelles de la nature a fourni le point de départ de la Doctrine. Deux autres vérités achèvent de la fonder : c'est à savoir que les énergies vitales proprement dites ont leur origine dans l'une des énergies extérieures, — non pas l'une quelconque comme on pourrait le croire, — mais exclusivement dans l'une d'elles, l'énergie chimique. Et de même elles ont leur aboutissement dans un petit nombre d'autres tout aussi exactement fixées.

Il résulte de là que les phénomènes de la vie devront nous apparaître comme une circulation d'énergie qui, partie d'un point fixe du monde physique, fait retour à ce monde par un petit nombre de points également fixes, après une course fugitive à travers l'organisme animal.

C'est, avec plus de précision, la transposition dans l'ordre de l'énergie de ce qu'était l'idée du *Tourbillon vital* de Cuvier et des naturalistes dans l'ordre de la matière. Ceux-ci définissaient la vie par sa propriété la plus constante, la nutrition, c'est-à-dire par l'existence de ce courant de matière que l'organisme puise au dehors par l'alimentation, qu'il y rejette par l'excrétion, et dont l'interruption même momentanée, si elle était d'ailleurs complète, serait le signal de la mort. — Le *circulus d'énergie* est la contrepartie exacte du *circulus de matière*.

La seconde vérité qu'enseigne la Physiologie générale et qu'elle a tirée de l'expérience, peut s'énoncer ainsi : « L'entretien de la vie ne consomme aucune énergie qui lui soit propre ; elle emprunte au monde extérieur, toute celle qu'elle met en œuvre, et elle la lui emprunte sous forme d'énergie chimique potentielle. » — Telle est la traduction, dans la langue de l'énergétique, des résultats acquis en physiologie animale depuis cinquante ans. Il n'est pas besoin de commentaires pour faire saisir l'importance d'un tel principe ; il révèle l'origine première de l'activité animale ; il découvre la source d'où procède cette énergie qui à un moment de ses transformations sera l'énergie vitale.

Le *primum movens* de l'activité vitale est donc, d'après ce principe, l'énergie chimique emmagasinée dans les principes immédiats de l'organisme.

Pour essayer d'en suivre le mouvement, il est nécessaire de préciser. Imaginons, dans ce dessein, que notre attention se porte sur une partie déterminée et limitée de cet organisme, sur un certain tissu. Saisissons-le, dans le cours ininterrompu de sa vie à un moment donné, et faisons partir de cet instant conventionnel, l'examen de son fonctionnement. Le premier effet de ce fonctionnement sera de libérer une portion de l'énergie potentielle que recèlent les matériaux mis en réserve dans le tissu. Cette énergie dégagée fournira à l'action vitale les moyens de se continuer. Il y a donc au début du processus fonctionnel, par un effet nécessaire de ce processus même, une libération d'énergie chimique, ce qui ne peut se faire que par une décomposition des principes immédiats du tissu, ou, suivant l'expression consacrée, par une destruction du matériel organique. Cl. Bernard avait beaucoup insisté sur cette considération que le fonctionnement vital s'accompagnait d'une destruction du matériel organique. « Quand le mouvement se produit, qu'un muscle se contracte, quand la volonté et la sensibilité se manifestent, quand la pensée s'exerce, quand la glande sécrète, la substance des muscles, des nerfs, du cerveau, du tissu glandulaire se désorganise, se détruit, et se consume. » — La raison profonde de cette coïncidence entre la destruction chimique et le fonctionnement dont Claude Bernard avait eu l'intuition, l'énergétique nous la rend saisissable. Une portion du matériel organique se décompose, se simplifie chimiquement, descend à un moindre degré de complication et abandonne dans cette sorte de chute l'énergie chimique qu'elle recelait à l'état potentiel. C'est cette énergie qui devient la trame même du phénomène vital.

Il est clair que la réserve d'énergie ainsi dépensée devra être reconstituée pour que l'organisme se conserve dans son équilibre. C'est l'alimentation qui y pourvoit ; elle fournit les matériaux ; le jeu des appareils digestifs les prépare à être assimilés, c'est-à-dire qu'il les amène à la place convenable et les y incorpore à l'état de *réserves*. Cette reconstitution des réserves détruites n'est pas une synthèse chimique ; c'est, comme l'a dit Cl. Bernard, une « synthèse organisatrice ». « La synthèse organisatrice, dit-il, reste intérieure, silencieuse, cachée dans son expression phénoménale, rassemblant sans bruit les matériaux qui seront dépensés. »

De là les deux grandes catégories dans lesquelles l'éminent physiologiste distribue les phénomènes de la vie animale : les phénomènes de destruction des réserves qui correspondent aux faits fonctionnels, c'est-à-dire à l'accroissement des dépenses d'énergie — et les phénomènes *plastiques*, de reconstitution des réserves, de régénération organique, qui correspondent au repos fonctionnel, c'est-à-dire à l'amortissement des dépenses, et au ravitaillement en énergie.

Si ce n'est pas exactement dans ces termes que Cl. Bernard a formulé sa féconde pensée, c'est au moins ainsi que ses successeurs l'interprétèrent. Ils ne firent d'ailleurs, en cela, que lui donner un peu plus de précision. Appliquant plus rigoureusement que l'éminent physiologiste la distinction que lui-même avait créée entre le protoplasma réellement actif et vivant et les réserves que celui-ci prépare, ils reconnurent qu'il fallait restreindre à ces dernières ce que l'auteur semblait attribuer aux deux catégories.

Tout ce que Cl. Bernard a dit est rigoureusement vrai des réserves. Il est facile aujourd'hui de soulever des critiques sur les incertitudes et les tâtonnements de l'expression dont il a revêtu ses idées. L'antique adage l'excusera : *Obscuritate rerum verba obscurantur*. En pleines ténèbres, il a eu une illumination de génie ; il n'a pas trouvé sans doute la formule définitive et en quelque sorte lapidaire qui convenait à sa pensée. Ce n'est pas une raison pour lui susciter des querelles de grammairien.

Si dans le cas de fonctionnement vital il y a destruction incontestable des matières de réserve, qu'advient-il de la matière réellement active et vivante ? Suit-elle le même sort ? Se comporte-t-elle différemment ? Nous n'en savons rien. M. Le Dantec affirme qu'elle s'accroît alors au lieu de se détruire ; il donne à cette assertion le nom de Loi de l'Assimilation fonctionnelle, et il en tire des conséquences importantes. Mais en réalité, il n'y a pas un seul des arguments dont il l'étaye qui ait une vertu démonstrative. Les objections ne sont pas plus décisives. C'est une hypothèse qu'il est également vain, dans l'état actuel de la science, de prétendre établir ou renverser par le raisonnement ou l'expérience. La raison en est dans le grand nombre d'indéterminées que comporte le problème à résoudre. Il suffit de les énumérer : les deux matières qui existent dans l'élément anatomique, auxquelles on confère des rôles contraires ; les deux conditions qu'on leur attribue, d'activité manifestée ou latente ; la faculté pour l'une et l'autre de celles-ci de se prolonger pendant une durée indéterminée, et d'empiéter sur son protagoniste, alors que l'on s'est mis dans le cas où elle devrait cesser d'exister. Voilà plus d'éléments qu'il n'en faut pour expliquer les résultats positifs ou négatifs de toutes les épreuves du monde. On ne peut donc démontrer cette hypothèse ; mais on peut sans doute l'accepter sans y regarder de trop près, comme ces pilules, dont parlait Hobbes, qu'il faut avaler sans les mâcher.

L'énergétique laisse la question indécise, sans doute, mais elle incline pourtant en sa faveur. L'assimilation fonctionnelle du protoplasma n'est pas, comme l'organisation des réserves, un phénomène presque indifférent à la balance de l'énergie. Il s'agit ici de constituer une substance, le protoplasma actif, qui atteint au plus haut degré de la complication, et dont par conséquent la formation aux dépens des matériaux alimentaires plus simples exige une quantité appréciable d'énergie. L'assimilation, pour se réaliser, a donc besoin d'absorber de l'énergie : or, à ce moment même la destruction ou simplification chimique de la substance de réserve, conséquence forcée du fonctionnement, en libère précisément de quoi couvrir ce besoin. Si le protoplasma l'emploie réellement, son rôle serait la contrepartie de ses réserves.

S'il est possible que le protoplasme actif se comporte comme le veut M. Le Dantec, il est certain que les réserves suivent la loi de Claude Bernard, et c'est toujours à elles que revient la part essentielle dans les mutations énergétiques.

IV

Le troisième principe de l'Energétique biologique est également tiré de l'expérience. Il est relatif non plus au point de départ du circulus de l'énergie animale, mais à son terme.

C'est ici la partie la plus nouvelle de la doctrine, et, disons-le, la moins comprise des physiologistes eux-mêmes. L'énergie, issue du potentiel chimique des aliments, après avoir traversé l'organisme (ou simplement l'organe que l'on considère en action) et avoir donné lieu aux apparences phénoménales plus ou moins diversifiées, qui sont les manifestations propres ou encore irréductibles de la vitalité, fait enfin retour au monde physique. Ce retour s'opère (sauf les restrictions qui seront indiquées tout à l'heure) sous la forme ultime d'énergie calorifique.

Les véritables phénomènes vitaux se classent donc entre l'énergie chimique qui leur donne naissance et les phénomènes thermiques qu'ils engendrent à leur tour. La place du fait vital dans le cycle de l'énergie universelle est ainsi parfaitement déterminée. C'est là une conclusion d'une importance capitale pour la biologie. On peut l'exprimer dans une formule concise qui résume pour ainsi dire, en quelques mots, tout ce que la philosophie naturelle doit retenir de toutes ces études. « L'énergie vitale est, en lin de compte, une transformation d'énergie chimique en énergie calorifique. »

La rigueur de cet énoncé exige une restriction : il suppose que l'animal se contente de vivre et qu'il n'exerce aucun travail extérieur.

Les fondateurs de l'énergétique animale, et M. Chauveau surtout, ont essayé de donner plus de précision à cette notion, fatalement assez vague, d'*énergies vitales*. Il arrive, à propos de ces énergies, en biologie, ce qui est le cas ordinaire pour les agents physiques : on sait les mesurer sans savoir ce qu'ils sont.

Les énergies vitales sont les phénomènes qui s'accomplissent dans les tissus en activité, sans être actuellement identifiables aux types connus des phénomènes physiques, chimiques, mécaniques ; ce sont les actes le plus souvent silencieux et invisibles par eux-mêmes et que nous ne reconnaissons guère qu'à leurs effets, après qu'ils ont abouti aux formes phénoménales familières ; c'est tout ce qui se passe, par exemple, dans le muscle qui prépare son raccourcissement, dans le nerf qui conduit l'influx nerveux, dans la glande qui sécrète. Voilà ce que nous nommons des noms provisoires de propriétés vitales, d'énergies proprement vitales, d'énergie vivante, et ce que M. Chauveau appelle *le travail physiologique*. Et c'est cela que nous devons considérer dès à présent comme échangeable par voie d'équivalence avec les énergies du monde physique, comme celles-ci le sont entre elles. Le premier principe de l'*Énergétique* n'a pas d'autre signification.

Le dernier principe nous enseigne que, si l'énergie chimique est la forme génératrice, matricielle des énergies vitales, l'énergie calorifique en est la forme de déchet, d'émonction, la forme dégradée suivant l'expression des physiciens. La chaleur est dans l'ordre dynamique un *excretum* de la vie animale, comme l'urée, l'acide carbonique et l'eau en sont des excréta dans l'ordre substantiel. C'est donc tout à fait à tort que, par suite d'une fausse interprétation du principe de l'équivalence mécanique de ta chaleur, ou par ignorance du principe de Carnot, quelques physiologistes parlent encore de la transformation de la chaleur en mouvement ou en électricité dans l'organisme animal. La chaleur ne se transforme en rien, dans l'organisme animal : elle se dissipe. Son utilité vient, non pas de sa valeur énergétique, mais de son rôle d'amorçant dans les réactions chimiques, ainsi qu'il a été expliqué à propos des caractères généraux de l'énergie chimique.

Les conséquences de ces principes, si généraux et si clairs de la physiologie énergétique sont de la plus haute importance au point de vue pratique autant qu'au point de vue théorique.

Et d'abord, ils montrent bien la place et le rang des phénomènes de la vie dans l'ensemble de l'univers. Ils font concevoir, sous un jour nouveau, cette belle harmonie des deux règnes animal et végétal que Priestley, Ingenhousz, Senebier et l'école chimique du commencement du siècle ont dévoilée et que Dumas a exposée avec une clarté et un éclat incomparables. L'Energétique l'exprime en deux mots : Le monde animal dépense l'énergie que le monde végétal a accumulée. Elle va plus loin que les règnes vivants et jusqu'au milieu cosmique : elle montre comment le monde végétal tire lui-même son activité de l'énergie rayonnée par le soleil et comment les animaux la restituent enfin en chaleur dissipée. L'harmonie des deux règnes, elle l'étend à toute la nature. Elle fait de l'univers tout entier un système lié.

A un point de vue plus restreint, et pour n'envisager que le seul domaine de la physiologie animale, les lois de l'énergétique font bien comprendre le rôle et les principes généraux de l'alimentation. L'aliment est essentiellement une source d'énergie : il n'est qu'accessoirement une source de chaleur. On enseigne précisément le contraire dans la plupart de nos écoles médicales ; et cette erreur, qui d'ailleurs n'a aucune conséquence au point de vue de la pratique, en a au contraire de grandes au point de vue de la doctrine. L'énergie que l'aliment apporte à l'animal est l'énergie potentielle chimique qu'il possède de par sa constitution complexe. C'est cette nécessité d'user de substances alimentaires très élevées dans l'échelle de la complication chimique, qui asservit l'animal au végétal, seul capable de produire de telles synthèses. Le fonctionnement animal libère une partie de l'énergie potentielle que la plante avait formée. La chimie permet de calculer la quantité d'énergie que l'aliment dégage ainsi. En appliquant le principe de l'état initial et de l'état final de Berthelot et en utilisant les tables numériques que cet éminent chimiste a établies avec une patience admirable, on obtient en calories la quantité d'énergie que l'aliment dépose dans l'organisme : on connaît son *pouvoir dynamogène* ou *calorifique*.

Cette énergie, dont on sait maintenant pour chaque catégorie d'aliments l'exacte valeur, on en sait aussi l'usage, d'après le troisième principe. Elle est destinée à se transformer suivant deux types possibles. Dans le type normal, elle se mue en *énergies vitales (travail physiologique* de Chauveau) ; et celles-ci aboutissent elles-mêmes soit à l'énergie mécanique (mouvement des muscles), soit à l'énergie thermique (chaleur qui se dissipera au dehors). L'aliment, dans ce cas, a rempli son office. Il a servi au fonctionnement vital : il a été *dynamogène* ou *bio-thermogène*.

En second lieu, l'évolution de l'aliment peut suivre un type aberrant, presque anormal. Il peut arriver en effet, qu'en vertu de sa nature chimique, et pour des raisons qu'on commence à pénétrer, cet aliment, en se détruisant, libère une énergie que l'organisme ne pourra utiliser, qui par conséquent ne se transformera en aucune énergie vitale, en aucun travail physiologique. Elle passera directement à l'état thermique. On connaît une catégorie d'aliments de ce genre, ou plutôt de substances de ce genre, car elles ne méritent pas le nom d'aliments véritables. L'alcool, les acides qui existent dans les fruits, tels que l'acide malique, citrique, appartiennent à ce type. On les dit *purement thermogènes*. Quelques physiologistes, — et leur erreur cette fois a son origine dans le préjugé commun, — s'imaginent encore que l'alcool est un générateur de force, dangereux sans doute à d'autres égards et surtout par son abus, mais enfin et tout de même une source d'énergie comme le sucre ou les graisses ; et qu'ainsi, il est capable de fournir à l'homme une partie de l'énergie nécessaire à l'exécution de travaux pénibles. Il n'en est rien. A la vérité l'alcool se détruit ou se brûle dans l'organisme : il produit de la chaleur, mais celle-ci est destinée à se dissiper inutilement. Cette chaleur produite à l'intérieur du corps ne peut lui être d'aucune autre utilité que la chaleur du climat ou de nos foyers. Les thermogènes purs sont donc exclusivement un procédé de *chauffage par le dedans*. Les aliments dont nous avons parlé tout à l'heure sous le nom de *biothermogènes*, réalisent également une sorte de *chauffage par le dedans*, mais en outre ils participent au fonctionnement vital.

Albert Dastre

En disant que le cycle de l'énergie qui se déroule chez l'animal a son point de départ dans la désintégration chimique de l'aliment, les physiologistes emploient une formule trop générale qui ne serre pas d'assez près la réalité. De là des confusions, des malentendus et par suite des controverses qui renaissent sans cesse et qui donnent à cette partie de la physiologie une apparence de trouble et de désordre qui n'y devrait pas exister. Ce n'est pas le fonctionnement vital dans sa généralité qu'il faut envisager, si l'on veut ensuite descendre jusqu'aux faits et en arriver aux applications : c'est un acte fonctionnel déterminé. On voit alors que la source de l'énergie que cet acte va mettre en jeu se trouve dans la substance de l'organe et du tissu actifs, non pas à l'état d'aliment dans la condition et la forme où l'animal l'emprunte au dehors, c'est-à-dire à l'état d'aliment *brut*, mais bien à l'état d'aliment digéré, modifié, élaboré et incorporé comme partie intégrante dans le tissu qui va le dépenser, c'est-à-dire en somme à l'état de réserve. Tous les principes de l'énergétique physiologique dont nous avons parlé s'appliquent à l'aliment entendu dans ce sens seulement, c'est-à-dire aux réserves. Sont-ils applicables aux aliments, dans le sens strict du mot ? En aucune façon. Entre la substance de l'*aliment* et la substance de *réserve*, il y a des différences résultant de toutes les préparations que ce corps a subies depuis le moment où il a été introduit dans l'organisme jusqu'à celui où il a été assimilé et mis en sa place. Ces préparations peuvent être nombreuses ; elles sont encore inconnues dans la plupart des cas. On admet, d'une façon générale qu'elles ne mettent en jeu qu'une faible quantité d'énergie, de telle sorte qu'en les négligeant, on ne commettrait qu'une erreur insignifiante. La supposition est justifiée dans un certain nombre de cas : elle est au contraire erronée dans le plus grand nombre. M. Chauveau a dévoilé avec beaucoup de perspicacité cette erreur des théoriciens de l'alimentation : il en a fait apparaître la valeur dans quelques circonstances par des expériences conduites avec une extrême ingéniosité.

Mais ce n'est pas le lieu d'en parler ici. Nous n'avons pas à examiner la question d'ailleurs très intéressante, très nouvelle, controversée encore, de la Diététique physiologique. Elle mérite un examen spécial. Nous devions nous borner à indiquer incidemment les rapports les plus généraux de ia théorie de l'alimentation avec l'objet propre de cette étude, qui était de dégager les principes fondamentaux de l'Energétique des êtres vivants.

II. LES ENERGIES VITALES

ISBN : 978-1548246945